写给青少年的

中国古代科技与发明

1

农业和手工

苏邦星 编著 袁微溪 绘

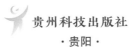

贵州科技出版社

·贵阳·

前　言

　　中国是一个历史悠久的国家，有着非常璀璨的文明，科技是我国古代文明非常重要的一个方面。在15世纪以前，中国一直都是科技领域的强国，科技水平遥遥领先于西方世界，但是除了"四大发明"之外，很多科技成果却很少为世人所知。

　　中国古代科技涉及农业、手工、军事、天文、数学、物理、地理、植物、医药、建筑等各个方面，它们种类众多，水平高超，实用性强。中国古代科技的发展不仅推动了我国古代社会的发展，还为世界文明的进步作出了巨大的贡献，甚至对我们的现代生活都产生了深远的影响。

　　为此，这套书精选了贴近人们生活的农业、手工、天文、军事、建筑、生活、游戏等领域中的80多项中国古代科技与发明，并将它们划分为《农业和手工》《科技和军事》《生活和游戏》3个分册，来为小读者讲解我国古代科技知识。

　　《农业和手工》主要介绍农具、农作物栽培以及手工方面的发明和创新，农业工具有曲辕犁、筒车、龙骨车等，手工技艺有缫丝、酿酒、制陶等。这些科技与发明生动还原了我国古代人们在田间或手工作坊内劳作的场景，展现了中国古代先进的生产技术。

　　《科技和军事》主要介绍科学仪器和军事武器的发明和创新，科学仪器有日晷、漏刻、指南针、浑天仪等，军事武器有青铜弩机、毒药烟球、突火枪、火铳等，揭开了古代科学仪器和军事武器的神秘面纱，生动形象地展现了古代科学仪器的复杂原理和使用方法，再现了古代战场上各种火药武器的威力。

　　《生活和游戏》主要介绍生活用品和娱乐方式的发明和创新，生活用品有镜子、扇子、火折子等，娱乐方式有投壶、象棋、围棋、叶子戏等，这些科技与发明展现了我国古代劳动人民在追求生活质量和生活乐趣方面的智慧和奇思妙想。

　　本套图书以图文结合的形式，用通俗易懂的语言和细致精美的图片引导小读者了解中国古代科技与发明，探索这些科技与发明背后的智慧，体验古代科技的神奇魅力，进而培养孩子对科学技术的兴趣，促使孩子在实际生活中用科学思维来解决问题，为孩子将来学习科学领域的知识打下坚实的基础。

　　希望阅读本书的小读者能了解到更多优秀的中国古代科技成果，学习到古人执着的求知精神和勤于实践、善于创造的优秀品质。

目录

曲辕犁

耕犁在农业社会是非常重要的生产工具，它决定了当时的农业生产效率。曲辕犁最早出现在唐朝中后期，和之前的犁具相比，它使用起来更加方便灵活，大大节省了人力和畜力。所以，曲辕犁自唐朝出现之后，一直沿用到清朝，对于我国农业生产有巨大的促进作用。

曲辕犁主要由犁铧（huá，又称犁铲）、犁壁、犁底（又称犁床）、压镵（chán，又称压铲）、策额、犁箭、犁辕、犁梢（shāo）、犁评、犁建、犁盘（又称犁槃）等部件构成。

这些部件各自都有非常重要的作用：犁铧可以插入土壤中起土，犁壁可以将前面犁铧铲起的土翻过来推到一边，犁底和压镵可以固定犁头，而策额可以保护前面的犁壁，犁箭和犁评则可以在耕地时用来调节耕作深浅，犁梢可以用来控制宽窄。犁辕短而弯曲，这样容易调头转弯，犁盘可以转动。

犁壁的出现，标志着耕犁工具更加成熟。唐朝曲辕犁出现后，中国传统耕犁基本定型。

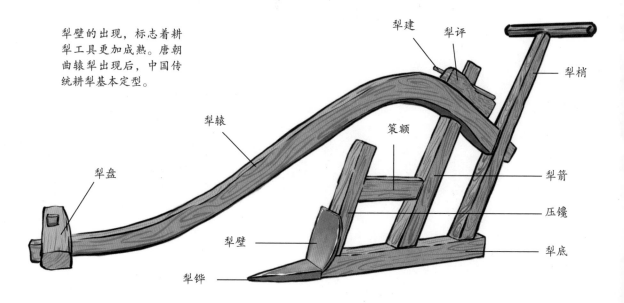

犁建　犁评　犁梢　犁辕　策额　犁盘　犁箭　压镵　犁壁　犁铧　犁底

在曲辕犁的制作过程中，犁辕的选材是关键。由于犁辕的自然弯势不能自由加工，所以，选材就显得尤为重要。木匠在选材时，一般会选野榆树、樟树或槐树等，它们天然形成的弯势非常适合用来制作犁辕。如果选择普通的木材，通过人工做成类似的弯势，这样制作出来的犁辕，往往会在牛拉耕犁之后发生断裂。

这个弯势太适合做犁辕了！

曲辕犁个头比较小，耕地时回转方便，起土也更加省力，非常适合南方小块水田作业。曲辕犁最早出现在唐朝中后期江东地区（今苏州大部分地区），所以，人们也把曲辕犁称作"江东犁"。后来，人们发现这种农具不但适用于南方水田，还适用于平地和山区，所以，逐渐把它推广到全国，曲辕犁也逐渐成为耕犁的主流。唐代的陆龟蒙将曲辕犁记录进了《耒（lěi）耜（sì）经》一书当中。

唐朝由于耕地工具的改进，农民除了能熟练地掌握深浅耕外，还能使犁地的宽度、深度保持一致，耕起的土垡整齐均匀，即达到"行必端，履必深"的要求。

清朝晚期，在一些冶铁业比较发达的地区出现了铁制犁辕。铁制犁辕使曲辕犁的质量大大提高，

知识链接

陆龟蒙，唐朝苏州姑苏（今江苏省苏州市）人，中国古代工农业史上著名的农学家。他的著作《耒耜经》是一部古农具专志，主要记录了中国唐朝末期江南地区的农具。

同时，也大大增加了它的使用寿命。而且，铁制犁辕可以自由加工弯势，也改进了耕犁的性能，所以，铁制犁辕开始流行起来。

直辕犁

曲辕犁

知识链接

　　中国传统的曲辕犁如今依然有很强的生命力。在我国云南、贵州等地区，由于梯田层层叠叠，每层的田块面积都比较小，但坡度又很大，拖拉机等很多机械不容易进入和作业，所以，这些地区的人们现在依然还会使用传统的曲辕犁来进行耕作。

曲辕犁的整体结构非常合理，重心偏下，具有非常强的稳定性，在耕地时可以使犁体沿水平方向顺利前进，而且方便灵活。

筒车

　　我国南方地区气候湿润，所以，稻作农业十分发达。对于水稻这种农作物，灌溉尤为重要。为了提高灌溉效率，人们发明了很多用于灌溉的农具，筒车就是非常重要的灌溉工具之一。

高转筒车由两个圆轮组成，一个圆轮设置在低处的河流中，一个圆轮设置在高处的岸上，中间有链条连接，链条上绑有竹筒。利用人力或畜力转动高处的圆轮，就可以将低处的水通过筒链提到高处。

卫转筒车由三个圆轮组成，畜力拉动上方横置的圆轮，横置圆轮通过咬合关系带动小立轮转动，而小立轮和旁边河中的大立轮是同一个转轴，所以，小立轮转动可以带动大立轮转动，大立轮就能将河中的水汲取出来。

筒车一般设置在靠近岸边的河水之中，它的主体是一个大圆轮，圆轮的大小由河岸的高低决定。

人们将大圆轮安装在岸边的桩叉上，然后将众多的木筒或竹筒绑在大圆轮上，最多的时候可以绑42个。大圆轮的上半部分高于岸边，下半部分浸在水中。

河水的流动促使大圆轮转动，圆轮上的木筒或竹筒转到大圆轮下半部分时，便会浸入河水中灌满水，待转到高处时，便将筒中的水倾倒到岸上，达到汲水浇灌的目的。

这种灌溉方法是以河水为动力的，不需要人力或者畜力，大大提高了灌溉效率。

筒车作为一种灌溉工具，主要分为三类。除了上文提到的以水为动力的水转筒车以外，还有卫转筒车和高转筒车。"卫"的意思是"驴"，即"驴转筒车"，也就是以畜力为动力来汲水的一种筒车。高转筒车也是一种需要借助人力或畜力的汲水筒车，它可以将低处的水提到高处。

水转筒车

龙骨水车

　　龙骨水车也叫翻车，是一种从低处往高处提水的工具，它是由东汉宦官毕岚发明的。三国时期，魏国的马钧改造了毕岚发明的翻车；到了唐朝时期，龙骨水车已经在全国普及，成为普遍使用的一种农具。

　　龙骨水车主要由两端的链轮和中间的长槽构成，两个链轮由一条长长的链条连接，而链条上面装有很多个刮板。汲水的时候，下面的轮子浸在水中，上面的轮子被架在

知识链接

　　到了16世纪，欧洲才开始仿制我国的翻车。在现代水泵出现之前，翻车是全世界最先进的抽水工具。

手转翻车靠人来操作，由于人的臂力有限，所以造出来的尺寸一般都比较小，是一种小型翻车。

岸上，岸上的轮子通过链条带动水中的轮子转动，原理和自行车类似。

在链条往上走的时候，链条上的刮板就会往长槽里刮水，水随着链条就会被送到高处。刮板刮水的原理：长槽的宽度恰好是刮板的宽度，刮板刮水后，长槽两侧的槽壁就会堵住水避免它流下去，从而达到向上提水的目的。

另外，根据岸上链轮的动力不同，翻车又可以分为手转翻车、脚踏翻车和牛转翻车等。

牛转翻车不需要人力，而且提水的效率更高。如图所示，利用牛转动上面的横轮，横轮拨动旁边的小立轮，小立轮的转动带动翻车链轮转动，最终达到提水的目的。

脚踏翻车尺寸比较大，可以多个人一起踩，类似于现在的跑步机。脚踏翻车还有一个车架，踩翻车的人可以伏靠在架子上，这样更加省力。

水碓

水碓（duì），又称水捣碓、机碓或翻车碓，最早出现于西晋，是古代人们利用水力来舂（chōng）捣东西的一种工具。它省去了人力或畜力，实现了机械化，大大提高了工作效率。然而，水碓的发明不是一蹴而就的，而是人们在漫长的农业生产实践过程中不断总结经验而制成的。

古代人们为了给谷物去壳或者捣碎一些东西，发明了舂臼（jiù），即将东西放到一个臼里，用木杵（chǔ）对东西进行捶捣。谷物、药物或者香料等都可以用舂臼捶捣。

由于手持木杵捶捣的方式非常耗费臂力，为此，人们将舂臼改进为脚踏碓。脚踏碓增加了一个支点，利用杠杆原理，舂捣的人只需要用一只脚踩住碓尾轻轻施力，前面的碓头就会舂捣，这样可以节省很多力气。

舂臼　　　　　　　脚踏碓

但即便如此，脚踏碓还是需要耗费人力。为了省去人力，人们用拨板代替人脚来给碓尾施力，而拨板插在一条粗木轴上，木轴的另一端安装有水轮。由于拨板和水轮都被牢牢固定在粗木轴上，所以，水轮转动时，必然会带动拨板转动。当拨板转到翘起的碓尾上时，就会将它"按"下去；当拨板转到它下面时又会将它"松开"，达到和人脚踩踏同样的效果。

这种将水轮和脚踏碓结合起来的工具就叫水碓。而且长轴上可以安装多个拨板，所以，一个水轮可以同时带动多个碓头舂捣。

正因为如此，古代的磨坊一般建在水边。碓头被安置在磨坊里，而长长的碓尾则伸到磨坊外的水轮拨板下面，这样就形成了"转轮在水稻在屋，糠秕如尘米如玉"的场景。

石磨

粮食是人们赖以生存的必需品。古时候，人类最初吃的是粗粮，但随着人类社会的不断发展，粗粮已经不能满足人们的需求，为了获得更好的口感和味道，人们需要将粮食研磨成粉加工成细粮，进而制作成各种精美可口的食物，于是，就发明了石磨。

石磨主要由上下两块磨盘组成，两块磨盘中间留有一定的空隙，上面的那块磨盘上有个圆孔，可以往里面添加粮食，两块磨盘通过不断地摩擦将粮食磨成细粉。在研磨的过程中，如果向圆孔中加水，就可以将粮食磨成浆。根据不同动力来源，石磨可以分为人力石磨、畜力石磨和水力石磨三种类型。

最早的石磨诞生于春秋战国时期。它可以将小麦磨成面粉，因而，诞生了馒头、烧饼和面条等一系列面食。另外，它还可以将大米磨成米粉，将大豆磨成豆浆，等等。如此，人们的饮食也逐渐从粗粮过渡到细粮，生活水平得到了大大提高。

由于人们加工粮食的规模越来越大，人力石磨和畜力石磨渐渐不能满足人们的需求。这时，人们将水轮和石磨结合起来，发明出了水力石磨（简称水磨）。水磨的体积非常大，而且用水力做动力，所以，工作效率大大提高。

人力石磨是石磨的最原始形态，它的动力为人力，一般体积比较小，可以用于研磨少量的粮食。

畜力石磨将人力解放出来，利用牲畜来拉磨，石磨的体积一般比较大，可以研磨较多的粮食。

拥有水力石磨的磨坊，一般建在河面上，磨坊的下方有一个巨大的卧式水轮置于河水中。卧式水轮转动时，会带动上方磨坊里最下面的磨盘转动，磨坊里上面的磨盘被绳子吊在屋梁上，这样，上下两扇磨盘就会不断研磨。

粟的栽培

粟又叫谷子，脱壳去皮之后就是小米。相比于其他农作物，粟的颗粒比较小，在现代的粮食中，它的地位远远不及大米和小麦。但是，在新石器时代到唐朝这段漫长的历史时期内，粟一直是我国北方地区人们的主食，在餐桌上居于"霸主地位"。粟的祖先是狗尾草，经过古代人们的不断驯化，逐渐成为抗旱、早熟、易栽培的优良作物，被我国北方的人们广泛推广种植。

粟

狗尾草

粟的驯化过程，其实就是一个优良基因被选择的过程。古代的人们发现，野生狗尾草会结籽，于是，便挑选穗比较大、苗比较壮的进行培育，使这种"穗大苗壮"

畎亩法示意图

的基因遗传下去。然后，在下一代中，再继续挑选优秀的培育。长此以往，经过一代又一代的优中选优，狗尾草便保留了优良基因，变成了粟。

粟具有很强的抗旱性，非常适合北方的气候，同时，它的病虫害比较少，容易栽培。所以，粟的出现大大缓解了食物的供给压力。

由于粟在古代人们的饮食生活中占据非常重要的位置，所以，人们不断改进粟的种植技术来增加它的产量。比如，为应对北方的干旱气候，人们发明了垄作法和代田法。

垄作法又叫畎（quǎn）亩法，畎就是沟，亩就是凸起的垄，畎亩法就是将平地整成垄和沟相间的形态。而且，畎亩一般会固定地朝向东南方向，这样便于排水。人们根据田地的地势高低和土壤中的含水量来决定播种位置。地势较高的地方，人们一般会把粟种在沟里，而在地势较低的地方，人们一般会把粟种在垄上。

代田法是畎亩法的升级改良版，它是在畎亩法的基础上发展而成的一种轮作法。

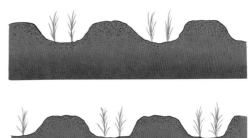

在沟垄相间的田地里，人们将作物种在沟里。等到除草的时候，再将垄上的土推到沟里，这种方法可以增强作物的抗风抗旱能力。第二年时，沟变成垄，垄变成沟，沟垄互换位置，这样可以保持土壤的肥力。粟作技术成熟之后，粟的种类和产量都得到大幅增加。

代田法示意图

水稻的栽培

我国南方地区气候湿润，降水较多，水源丰富，自古以来就是重要的稻作地区。南方地区种植的水稻，不但能够满足南方人们的需求，而且，还养活了其他很多地区的人口。所以，从南宋开始就有"苏湖熟，天下足"的说法，意思是，只要苏州和湖州这些主产区的水稻熟了，全国的人也就不愁吃不饱了。可见，水稻在人们生活中占有多么重要的位置。

水稻的祖先是野生稻，它和粟一样也是经过人工驯化而成的。古代的人们发现野生稻可以食用之后，便在野生稻中挑选穗大苗壮的个体精心培育，然后，再在培育出来的后代中挑选更加优良的个体进行培育。经过一代又一代的优中选优，最终得到了栽培稻。

野生稻不但穗小、粒少，而且稻粒还非常干瘪。而经过驯化的栽培稻，穗大、粒多且稻粒饱满。栽培稻的这些优秀的特征，都是优良基因的体现。

野生稻

栽培稻

人们为了提高水稻产量，满足不断增加的人口的粮食需求，开始扩大水稻的种植面积，并尝试提高水稻种植技术。水稻采用的栽培方式是"育秧移栽"的栽培方式。

育秧移栽是指先在一个地方将水稻的秧苗集中培育出来，然后再将秧苗移栽到稻田里。这个移栽的过程也叫插秧。插秧后，还要对稻田进行定期除草、灌溉、施肥等一系列的管理。这个过程叫作"耘（yún）田"。

耘田之后，还需要烤田。烤田是指在水稻生长的旺盛期，为防止稻苗疯长倒伏，将稻田里的水放干，并利用阳光对稻田进行暴晒，以此来加固稻苗的根。稻苗的根加固之后，再重新将水放进稻田，这样可以增加稻米的产量。

稻作种植技术的进步，大大提高了稻米的产量，有效地解决了人们的温饱问题，促进了人口的大幅增长，并支撑了宋朝以后农业的发展。北宋之后，中国的人口数量第一次突破了一亿大关，推动了中华文明的繁荣发展。

苗床育苗

插秧

耘田

烤田

茶的栽培和加工

茶作为我国的传统饮品，它的地位可以说跟西方国家的咖啡不相上下。我国人民很早就开始饮茶和制作茶叶，后来，随着时间的推移，制作茶叶的工艺越来越先进，饮茶也由一种生活习惯变成了一种文化。

关于茶的栽培，清朝以前，我国主要采用"直播"和"床播育苗"两种方法。"直播"是指将种子直接播种到茶园里面，一直到长成茶树。"床播育苗"是指先在特定的一块地方培育种子，等到种子长成幼苗后，再把它移栽到茶园里。这两种方法都属于有性繁殖。

到了清朝时期，人们受花卉压条技术的启发，发明了茶树的压条技术。所谓的压条技术，就是在枝条和茶树不分离的情况下，将一根枝条弯曲埋进土壤里让其

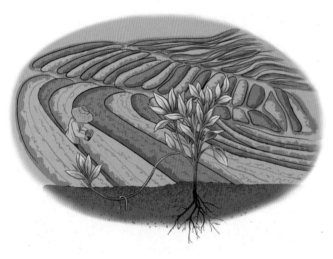

压条茶树

生根长成一棵独立的茶树。这种方法栽培出来的茶树，品种更加纯粹，也更加优良。

关于茶的制作方法，最开始，古代的人们将茶叶看作和苦菜一样的蔬菜，将其烹饪食用，所以在很长的一段时间里，人们都会将盐、

煮茶图

辣椒和蒜等调味料放进锅里跟茶叶一起煮，煮熟之后连汤带叶一起吃。后来，人们发现，咀嚼茶树的鲜叶，有解毒、爽口、去异味的功效，于是，人们又有了吃鲜茶叶的习惯。但是，鲜茶叶非常容易腐烂变质，不容易保存，人们便将鲜茶叶放到阳光下晒干或者用火烘干，然后放到干燥的容器内储存起来。但由于晒干或烘干后的茶叶咀嚼起来口感很差，所以，人们改为煮或泡来喝。

随着人们饮茶习惯的形成，茶叶的制作方法也越来越复杂和先进。

宋朝时期，人们用蒸茶、榨茶、研茶、造茶、过黄（干燥）等一系列工艺将茶叶做成团饼，并用龙凤图案装饰，这种茶被称为龙凤团饼茶，也叫团茶。

明朝时期，蒸青制茶和炒青制茶两种工艺成为主流。蒸青制茶是指利用水蒸气的高温来去除茶叶中的青气，即杀青。炒青制茶是指用炒锅的高温来给茶叶杀青。两种方法相比较而言，炒青制茶更能保持茶叶的清香。所以，在明朝时期，炒青制茶的工艺迅速得到了普及。

到了现代，人们不仅要求茶色香味俱全，还对饮茶的技巧和礼仪有了更多要求。

知识链接

饮团茶需用茶碾将其碾成末茶。然后，用滚水将末茶冲开，再用竹制茶筅（xiǎn）按照一定力道、技巧和规律搅拌茶汤，直至茶汤泛起白色"汤花（茶沫）"。此过程也叫"点茶"，茶经过"点茶"即可饮用。

宋代碾茶、点茶图

养蚕与缫丝

　　我国是世界上最早开始养蚕的国家，由于蚕吐出的丝是生产丝绸的重要原料，所以，蚕在我国自古以来就具备非常重要的经济价值，养蚕业也成为我国重要的经济产业。为了发展养蚕业，我国人民发明了很多养蚕的技术来提高蚕丝的产量和质量，为我国丝绸业的发展作出了巨大贡献。

　　由于蚕以桑叶为食，为了确保蚕有充足的食物，人们从商朝开始就大面积地种植桑树，桑树的多少直接决定了养蚕的数量。在三国时期，桑树的数量甚至成为衡量一个家庭财富的指标。为了给蚕提供高质量的桑叶，人们将嫁接法用于桑树的栽培中，培育出很多优良的桑树品种。

　　蚕的一生主要分为四个阶段：卵—幼虫—蛹—成虫。其中，幼虫阶段在蚕的一生中占比最大。经过多次蜕皮

蛹

成虫

卵

幼虫

蚕的一生

后，幼虫开始吐丝作茧变成蛹，蛹破茧后变成蛾，蛾就是蚕的成虫。成虫中的雌蛾与雄蛾交尾后，产下蚕卵，这些小如芝麻的蚕卵将来又慢慢生长为新一代的蚕。

为了提高蚕丝质量和增加其数量，人们发明了"浴蚕法"，即将蚕卵放入盐水、卤水或石灰水中浸泡，或者直接放在室外让其经历风霜雨雪。这样做的目的其实是优胜劣汰，让那些体弱的蚕卵在变成幼虫之前就死掉。用这种方法培育出来的蚕就是生命力非常强的蚕。而且，这种蚕吐丝量会高很多，同时也节省了桑叶和劳力。

蚕纸上布满密密麻麻的蚕卵，犹如黑芝麻粒。经过浸泡，蚕纸上病弱的蚕卵会死去，留下来的都是健康强壮的。

幼蚕每过三到五天就会进入不吃不喝的休眠状态，休眠结束后，就会蜕皮，每次蜕皮之后幼蚕都会长大一些。根据蚕的蜕皮次数，可以把蚕分为三眠蚕和四眠蚕两类。三眠蚕的抗病性和对气候的适应性都比四眠蚕强，所以，四眠蚕比三眠蚕难养，但是，四眠蚕的吐丝量比三眠蚕多。宋朝时期，北方地区一般会饲养三眠蚕，而南方气候比较温暖湿润，桑叶比较充足，所以，一般会饲养四眠蚕。养蚕是一个非常复杂的过程，每一个环节都需要养蚕人精心照料。

①这个环节是"下蚕"，用手将刚刚孵化出来的蚕从蚕纸上面轻轻刮到养育幼蚕的托盘上面，这时候的幼蚕小得如同蚂蚁一般，呈黑色。

②在喂养幼蚕的过程中，人们要准备鲜嫩的桑叶，有时候还需要将桑叶切碎。在接下来的过程中，幼蚕要经历三眠或者四眠并蜕皮。完成最后一次蜕皮之后，蚕就可以一次吃完一整片桑叶了。

③因为蚕长大后会结茧，所以，人们会用麦秸给它们扎一些架子，供它们吐丝结茧用。人们把这个过程称为"蚕上山"。

④蚕在麦秸上吐丝结茧，3～5天之后，人们就把蚕茧取下来并进行称重，这些蚕茧将是人们用来制造丝绸的原料。

⑤由于蚕丝外面包裹着一部分丝胶，所以，人们需要用碱水煮去蚕丝上的丝胶，这样，蚕丝才会变得光滑柔韧。

⑥锅中的碱水烧开后，将蚕茧倒入锅中，待蚕丝软化后用竹签轻轻划动水面，就可找到丝头。将丝头穿进缫（sāo）车的针眼中再操作缫车就可以成功地缫取蚕丝了，这个过程叫缫丝。

23

丝绸的织造

缫丝后，蚕丝还需要经过一系列的处理加工才能变成合格的丝线来织造丝绸。这个处理加工的过程非常复杂，蚕丝被加工成合格的丝线后，人们通过不同的织造工具，将丝线用不同的编织方式织造成多种多样的美丽丝绸。

所有丝绸的绸面都是由经线和纬线交叉编织而成的。所谓的经线就是纵向的线，纬线就是横向的线。在实际织造中，为了提高效率，经线经受的摩擦更多，所以，经线需要更加结实。经过缫丝之后的丝线，还需要经过络丝、并丝、捻丝、整经等很多程序才能变成符合要求的经线和纬线。

①络丝

丝篗（yuè）是在后续并丝和捻丝过程中用到的重要工具，把缫车上的丝绞转到丝篗上，这个过程就是络丝。

②纺纬（并丝 + 捻丝）

并丝：由于从缫车上取下来的丝线比较细，所以，人们会利用纺车把好几根丝线并到一起，使用来织造丝绸的丝线变粗，不容易断裂。

捻丝：将并在一起的多根丝线捻成一股，捻得越紧，丝线就会越结实，不容易起毛或者断头。

③整经

将丝籰上的经线一根根穿过掌扇和溜眼，把那些打了纽结的丝线理顺，同时，也使丝线的松紧度变得均匀，然后，将丝线缠到经耙（pá）上，这个过程叫作整经。

④浆丝

浆丝就是将浆水刷到丝上，也叫过浆。这样做的目的是增加丝线的韧性，让丝线变得更加结实，这样才能经受住在织造过程中的反复拉伸。

⑤晒丝

将浆好的丝线放到太阳下晾晒。

⑥捶丝

由于晒干后丝线上还会留存一些胶质，所以，需要捶打，使这些胶质脱落下来。

人们将蚕丝制作成合格的经线和纬线之后，再将它们编织在一起形成一个面，就成了丝绸。刚开始，人们用的是最简单的编织方法，就是用纬线间隔性地穿过经线，这种方法叫作"平纹"织造法。这样织造出来的纹理是横平纵直的，非常均匀，但没有任何图案。

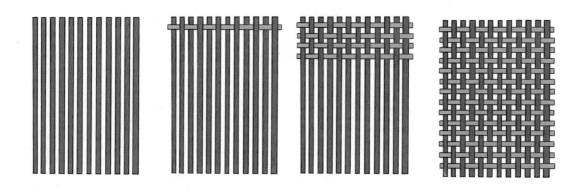

从图中我们可以看到，在纬线穿过众多经线后，一部分经线在纬线的上面，一部分经线在纬线的下面，交叉进去的纬线越多，丝线就被固定得越紧密，最终形成一个平面。

后来，人们在手动穿织这些丝线的时候发现，如果把在纬线上面的经线和纬线下面的经线各自看成一个平面的话，纬线就相当于夹在两个平面的夹角里面。如果让上面的经线下来，下面的经线上去，就可以实现对纬线的固定和锁死。同样，两个平面的经线上下交换位置之后又形成新的"夹角"，可以继续用来夹新的纬线。于是，人们利用这个原理发明了织机。织机就是将经线分成上下两批固定住，让纬线通过梭子在两批经线的夹角中穿过，然后，通过织机的构造交换上下两批经线的位置，以达到用经线锁定越来越多的纬线的目的，大大提高了织布效率。

最早的织机叫作腰机，因为人们在使用它的时候把它绑在腰上。腰机的一端是卷布轴，它主要用来将已经织好的布卷起来以节约空间；另一端是经轴，也叫绕经板，作用是把那些还没来得及织的经线卷在上面。在使用腰机的时候，使用者将卷布轴绑在腰上，用双脚蹬住另一头的经轴（绕经板），这样，中间的这部分经线就会被固定住，好进行织造。织完固定住的这部分经线，再从卷经轴里放出更多的经线来继续织。

腰机的缺点是需要用手来控制线综杆给上下两批经线交换位置。为了减轻双手的劳动量，人们又发明了脚踏织机。脚踏织机可以用脚来控制线综杆，效率大大提升。

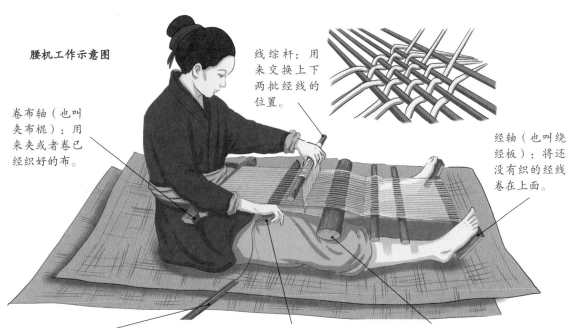

腰机工作示意图

线综杆：用来交换上下两批经线的位置。

卷布轴（也叫夹布棍）：用来夹或者卷已经织好的布。

经轴（也叫绕经板）：将还没有织的经线卷在上面。

梭子：像针一样牵引纬线穿过两批经线之间的夹角。

打纬刀：将穿过两批经线夹角的纬线向卷布轴方向推紧，尽量减少纬线与纬线之间的空隙，这样织出来的布比较紧密。

分经筒：将经线按照奇偶数分成两层。

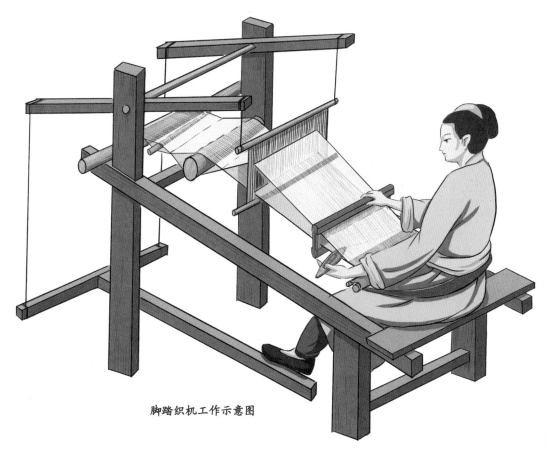

脚踏织机工作示意图

提花机

织机能织出什么纹路和图案，跟它的线综杆能提起多少经线密切相关。最初的织机只能提起一组经线，所有纬线只能按一种规律和经线交织，这样只能织出单一的平纹纹路。后来，人们为了织出更多的图案，便发明了提花机。

提花机和普通织机不同的是，它增加了很多分经线和提经线的装置，可以将经线分成很多组，也可以同时提起很多组经线，这样，纬线就可以按照多种规律去和经线

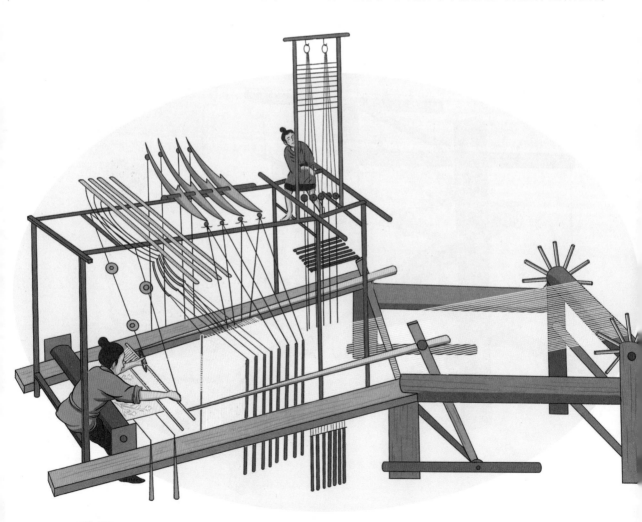

交织，从而织造出多种多样的花纹和图案。

有了提花机的助力，我国的织造技术达到了顶峰，出现了很多非常有名的织物。其中，锦可以代表最高织造技术水平，南京云锦、四川蜀锦和苏州宋锦成为我国三大名锦。用于织造它们的提花机构造复杂，工艺技术要求非常高，三大名锦的图案绚烂多彩，是祖先们留给我们的文化瑰宝。

云锦是南京的特产，因为它色彩绚丽，图案美丽，状如云霞，所以被称为云锦。它位列三大名锦之首，在元朝、明朝以及清朝，都是皇家御用品。

蜀锦诞生于我国四川成都，它一般以彩色的经线起彩，经纬起花。它的织纹非常精细，色彩鲜艳，而且图案非常繁复，配色也颇为典雅，是独具一格的名锦。

宋锦产地是苏州，是在宋高宗南渡以后形成的，所以被称为宋锦。宋锦的色泽非常华丽，图案精致。在诞生之初，宋锦主要用来装裱字画，后来随着宋锦的增值，一度出现了装裱上的丝绸价值超过字画本身的情况。

麻衣的制作

　　在古代，虽然丝绸光滑柔软又有美丽光泽，十分适合做衣服，但是，由于价格比较昂贵，很多普通百姓是穿不起丝绸衣服的。所以，人们需要寻找更加廉价且实用的材料来制作衣服，麻就成了他们的较好的选择。

　　这里说的"麻"是指"苎（zhù）麻"，苎麻是一种灌木植物，它随处可见，生命力非常顽强，而且纤维品质非常好，对普通百姓来说是不可多得的做衣服的好材料。于是，人们便从苎麻中提取麻纤维，用麻纤维来制作衣服和鞋子。在棉纤维没有得到普及之前，麻布是普通百姓的主要衣料。

　　苎麻的纤维主要位于它的麻秆部位。麻秆的外皮坚硬，但如果将外皮撕下来进行处理，从中获得的麻纤维是格外柔软的。它的柔软度甚至可以和蚕丝相媲美，这也是它能够纺织成布料的原因。

　　从苎麻这种植物中提取植物纤维并做成布料，需要经历一个复杂的过程。

　　苎麻纤维内部有很多超细微孔，富含氧气，这样的形态结构可以自动调节微气候，导热很快，还可以降低周围的湿度，对于抑制细菌和真菌有非常好的效果。所以，麻纤维的衣物吸湿散热快，透气性强，而且质地非常轻，纤维强力大，穿起来非常舒适。

①人们将麻秆从地里收割回来，先晾晒，然后放进水中浸泡，这样麻皮更容易和麻秆分离，这个过程叫"沤麻"。

②将麻皮剥下来放在太阳下晒干，然后撕成一缕缕的细丝。

③将一缕缕麻丝搓成细细的精巧的麻线。

④用灶灰水煮麻线，再揉搓，最后晾晒，经过这些处理之后麻线颜色会变淡。

⑤将麻线纺织成麻布，经过剪裁和缝纫做成好看的麻布衣服。

棉布的纺织

棉纤维非常柔软和保暖，并且具有非常好的吸湿性和透气性，价格也比较低廉，是制作布料的好材料。但是，它登上人类历史舞台的时间远远晚于蚕丝和麻。棉花原产于印度和阿拉伯，宋元时期才在我国推广开来；明朝以后，棉花的地位已经远远超过了麻。棉花不仅可以做成棉布，还可以填充进衣服或被子的夹层做成棉衣或棉被来御寒，用途非常广泛。

人们将棉花从地里采摘回来之后，要对棉花进行一系列的加工才能将其制成棉布。在这个过程中，人们发明了很多工具，大大提高了生产效率。

①采摘棉花

棉花的采摘时间很重要，如果过早采摘，棉花纤维还不够成熟；过晚采摘，棉花经过风吹日晒后棉纤维会受到损害，色泽会受到污染。棉花的采摘期一般在7—9月，采摘的时候要选择阳光充足、温度高并且不潮湿的天气，这样采摘的棉花才干净蓬松质量好。

②轧棉花籽

棉花采摘回来后，棉花和籽粒是混在一起的，需要将籽粒去除才行。刚开始，人们用手剥籽粒，后来，为了提高效率便发明出搅车（也叫轧车）。搅车上面有两个轴和一个摇手，转动摇手，两个轴会向相反的方向转动，棉花从两个轴之间通过，棉絮落在外面，而棉花籽掉在里面，达到去除籽粒的目的。

④搓棉条

棉花变得蓬松以后，还需要把它搓成棉条，棉花变成棉条之后才方便用纺车纺成棉线。

③弹棉花

为了增加棉花的柔软度和保暖性，人们还会将棉花均匀铺开，手握一张巨大的"弓"，腰间绑着一根竹竿，竹竿的顶端和弓被一根绳子连在一起，工人拨动弓弦，弓弦震动，弹在棉花上，就会使棉纤维变得蓬松。

⑤纺棉线

纺车主要由纺轮、锭子和摇手构成，摇手装在纺轮上。转动纺轮，就可以带动另一端细长的锭子转动。将棉条一端绕在锭子上，锭子转动的时候就会将棉条扯得越来越长，而且，还会顺带着捻线，这样棉条就会变成又长又结实的棉线，并缠绕在锭子上。

⑥制成衣物

棉线经过纺织变成棉布，将棉布进行裁剪缝纫就可以做成舒适的棉布衣服。冬天的时候，还可以将棉絮填入棉衣夹层来做成棉袄，非常舒适保暖。

古代染料和染色工艺

古代的人们除了想办法在织物上织出好看的纹路和图案之外，还想办法用各种各样的颜色来为衣物增色添彩。他们从大自然中获取了各种天然的染料，并且还发明了很多染色工艺，将衣物变得绚烂多姿。

经过长期实践，人们发现植物染料的色素和织物的纤维非常亲和，即使经过水洗日晒，颜色也不容易脱落。而且，植物染料在自然界随处可见，很多花、草、树木等都可以用来提取染料，所以，植物染料是古代人们在染色时使用最多的一种染料。

"青出于蓝而胜于蓝"这句话里的"蓝"，并不是颜色的名称，而是对能够提炼出靛（diàn）蓝色素的植物的一种统称。蓝草有很多种，人们用于染色的蓝草大致分为五种：蓼（liǎo）蓝、马蓝（也叫板蓝），菘（sōng）蓝（也叫茶蓝）、木蓝（也叫吴蓝）、苋（xiàn）蓝。

古代人们发现蓝草可以染色之后，便将蓝草鲜叶中的色素揉搓浸泡出来直接用来染织物。但由于受到蓝草产地和收获季节的限制，人们开始用蓝草制作靛蓝。

靛蓝是一种颜色的名称，也指这种颜色的固体色块，它微溶于水，使用时进行调制就可以了。靛蓝的发明使蓝草的使用突破了时间和空间的限制。

下面是以菘蓝为原材料制作靛蓝染布的过程。

菘蓝

①浸泡蓝草

采集新鲜的菘蓝草叶，将它们放到缸里浸泡，使水没过菘蓝草叶。天气炎热的季节浸泡一夜就可以，天气寒冷的季节可以多泡几日。

③晾靛

将浮沫捞出来，日后可以做成靛花；将缸里的水倒掉，把缸底膏状的沉淀物捞出来做成块状并晾干，就得到了固体的靛蓝。

②加入石灰搅拌

捞出缸里的枝叶和杂质，将石灰加入水中并搅拌，在石灰的作用下，缸里面的蓝色逐渐凝结沉淀下去，这时水面上会有一些浮沫。

④织物染色

用靛蓝给织物染色的时候，先将靛蓝放入石灰水中搅拌，然后加入酒进行发酵，靛蓝就会重新还原成色素。将织物放入其中便可以染色。

⑤将织物取出晾干

将染好的织物从桶里取出来晾干，色素就固定在织物上了。如果觉得颜色不够深，可以在织物风干后再次染色；如果想要避免掉色，可以加入明矾（fán）。明矾是一种媒染剂，可以让织物的颜色保持得更加长久。

人们为了获得更加丰富的花色和图案效果，发明了很多染色技术。染色方法大致可以分为浸染、套染和缬（xié）染三大类。其中，缬染又可以分为夹缬、绞缬和蜡缬。

　　浸染非常简单，就是将织物全部浸泡在染缸里面，由于染缸里面只有一种颜色，所以这类织物染完之后是纯色的。如果想加深它的颜色，可以将织物多次放进染缸里多染几次。

　　套染是指依次用不同颜色的染料去染同一块织物。不同颜色调在一起会染出更多的色彩，比如，先用红色的染料将织物染成红色，再用明黄色的染料将红色织物再染一次，织物就会变成好看的橙色。

蜡缬

浸染

夹缬是指刻两块图案相同的木板，将织物夹在两块木板之间，没有镂空的地方就会有染料流进去将布染上颜色，镂空的地方则保留织物原本的颜色，从而形成图案。

　　绞缬是指用针线将织物缝成一定的形状，或者用线将织物捆扎起来，然后将线抽紧，织物就会收缩聚拢，使缝扎的地方进不了染料，而其他的地方则会被染色，形成类似水墨画一般的晕染效果。

　　蜡缬是指在给织物染色前，先用蜡在织物上作画，等到蜡干之后再将织物进行染色。由于染料不能浸入蜡附着的地方，所以，涂蜡的地方就会保留织物原本的颜色，染色后去掉织物上的蜡，图案就出来了。

夹缬

绞缬

套染

造纸术的发明和应用

造纸术是我国古代四大发明之一，对传播人类文化和推动人类文明发展起到了非常重要的作用。造纸术的发明不是一蹴而就的，而是在漫长的历史进程中不断改进和完善的结果，是我国劳动人民长期经验的积累和智慧的结晶。造纸术的诞生，纸张被应用到了各个领域，给古代人们的生活带来了巨大的改变。

在造纸术发明之前，人们曾将龟壳、钟鼎、玉石、丝帛以及竹简等当作书写工具，但由于可获取量小、价格昂贵或者携带不方便等多种原因无法普及。

经过不断探索，西汉时期，我国人民造出了麻纸，但此时的麻纸简单粗陋，无法满足书写需求。到了东汉时期，蔡伦总结了以往的造纸经验，在麻纸原材料的基础上加入了树皮、破渔网、破布、麻头等作原料，经过蒸煮、春捣、打浆等一系列工艺，制造出了适合书写的"蔡侯纸"，使纸张的质量得到了大大的提升。

到了唐朝，楮（chǔ）树因为分布广、产量高，楮树皮成为人们造纸的重要材料。楮皮纸成为被人们广泛认可的一种高质量纸。

蔡侯纸的制作步骤如下：

①3月前后砍伐楮树，这时候的树皮会比较容易剥离。将砍下来的楮树剥皮，然后将剥下来的树皮切短打成捆。

②将小捆树皮整齐地放进水池里，为了能让水浸没树皮，可以在上面压上石块。夏季浸泡一天一夜就可以了，冬季由于温度比较低，需要浸泡两个昼夜。浸泡的时候，人还会站在树皮上用脚反复踩踏。

③用清水蒸煮树皮，以去除树皮中的果胶等物质，并使各个皮层松动。

④树皮里面的韧皮上还包裹着一层青皮，用手剥青皮是很费时间的，所以，通常通过捶打或者碾压来去掉这层青皮，然后还会将其放入河水中清洗。

⑤将捶打完的皮料放进盛有石灰浆的大缸里搅拌，使所有皮料都均匀地沾上石灰浆汁。

⑥将沾满石灰水的皮料放入锅中煮烂，同时把草木灰水淋在上面，这样有助于去掉皮料里面的色素。

知识链接

楮树也叫构树，高10～20米，它的树皮呈暗灰色，树冠张开，由于它的根系扎得比较浅，所以，侧根分布非常广，生长迅速，对气候和地形的适应性都非常强。

⑦将蒸完的皮料运到河边，这时候皮料的纤维已经变软，剔除皮料上残留的青皮再放进河水中反复清洗。

⑧皮料用刀切碎，放入脚踏碓捣成泥，然后用布袋装起来再次清洗。

⑨把洗好的皮料放入纸槽中，加入水进行搅拌，再加入米汤制作成纸浆。

⑩抄纸前将纸浆再搅拌一次，使纤维能均匀地分布在浆液中，这样抄出来的纸厚度会比较均匀。

⑪将抄好的纸连同纸模一起抬到阳光下暴晒，阴天时，也可用火烘干。纸张干透后，用工具将整张纸揭下放好，纸就制作完成了。

蔡侯纸的制作

②将楮树皮放到池子里面浸泡沤制

①砍楮树

⑪晒纸揭纸

③清水蒸煮

④捶打去青皮

⑤浆石灰水

⑥用石灰水煮

⑦清洗皮料

⑧用碓将白色的
皮料捣成泥

⑩抄纸

⑨打浆

造纸术诞生后，人们有了书写、阅读的便利工具，大大促进了文化传播。随着造纸技术的不断提高和造纸工艺的不断完善，纸张的产量和质量也得到巨大提高。在这个前提下，人们逐渐开发出了纸张的其他功用，纸张除了被用于书写和阅读以外，还被制作成各种生活用品，给人们的生活带来了巨大的便利。

梅花纸帐

梅花纸帐诞生于唐朝时期，人们用结实绵厚的纸制成梅花纸帐将床罩起来，不仅可以增加私密性，还能将帐内小香炉的香气聚拢在帐内，非常受文人雅士的欢迎。

油纸伞

有了纸后，古代的人们用纸制成油纸伞。先将纸张裁剪好粘在伞骨上，之后在伞面上刷上熟桐油，晾干后的伞便有防雨的作用。

木格纸窗

在纸被发明出来之前，古代普通百姓人家都是用不透光的木板做窗户；有了纸以后，人们将不透光的窗板换成了木格窗，然后用纸将木格窗糊起来，这样即使关着窗子，光也能透进房间里来。

交子

在纸被发明出来之前，人们交易的时候都是以金、银、铜等金属作为货币。北宋时期，人们制作出了纸币"交子"。在大宗交易时可以直接用交子付款，不需要再随身携带大量金属货币，这给人们带来巨大便利。

印刷术

印刷术是我国四大发明之一，它的诞生大大提高了书籍的复制效率，促进了知识的传播。经过我国劳动人民不断地探索和改进，印刷术变得日益先进和完善。

文字和纸张诞生之后，纸质书籍成为人们传播知识的重要载体。但是，在印刷术诞生之前，人们想要收藏一本书，只能通过手抄的方式来复制里面的内容，因此，诞生了"抄书工"这个专门为别人抄书的职业。但是手抄不但耗时耗力，而且还容易抄错。

隋唐时期，人们受到印章的启发，将印章这种一次只能复印几个字的工具放大，

①刻字工匠用胶泥将需要用到的字一个个刻出来，做成单独的字模，这些字和印刷出来的字是相反的，并且是凸出来的，这个刻字的环节被称为"造字"。

②工匠将松香或者蜡放入一个带托底的铁框中，并加热铁框，使铁框里面的松香或者蜡融化，这个铁框将用来放刻好的字模。

增加字数，发明了雕版印刷术。工匠将字反着刻在木板上，刷上墨，然后将纸覆到上面，模板上的字就被印到了纸上，这样就大大缩短了制作一本书的时间。为了提高印刷质量，人们还用铜版印刷代替了木版印刷。

但是，后来人们发现，一旦刻错或者原来的书籍不再印刷，那么之前雕刻好的版就不能用了，造成了极大的浪费。为了解决这个问题，北宋时期印刷工匠毕昇（shēng）发明了活字印刷术，他用"化整为零"的方法将之前的刻版改为刻字，先用胶泥将要用到的字一个一个地刻成字模，再根据书籍的内容将这些字模排列起来进行印刷。这样，即使印刷内容发生变化，字模也不会浪费。后来，人们又对泥活字进行改进，制成了不容易变形的木活字和金属活字，进一步革新了印刷技术，提高了书籍印刷的效率。

③松香或蜡融化后，工人按照书上的内容将刻好的字模整整齐齐地排列到铁框里，待松香或蜡冷却变成固体以后，这些字模就被固定在里面了。

④用刷子沾上墨刷到排好的版上面，由于版面上的字模已经被固定，所以，在刷的过程中，字模不会发生位移或者晃动，之后将纸覆盖在版面上。

⑤将纸张从字模上揭下来，这时候纸张上已经印有版面上的内容了。将铁框再次加热，松香或者蜡再次融化，就可以将上面的字模取下来留待以后使用。

漆器的制作

　　将漆涂在各种材质的器物表面制作而成的器具或工艺品统称为漆器。我国是世界上最早发现并使用天然漆的国家，漆器工艺是我国的独特创造和发明，它的诞生为世界文明作出了巨大贡献。

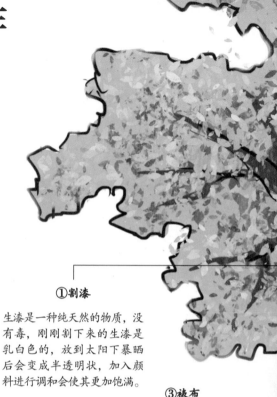

　　天然漆又被称为"生漆"或者"大漆"，它是从漆树上割下来的一种乳白色的液体，具有黏性，并且具有防腐、防水、耐高温、富有光泽等特点。用生漆制作出的各种器具经久耐用、不褪色，并且光亮美观。

　　漆器由胎和包在胎外面的漆构成。胎就是上漆的器物，也是漆依附的主体。胎的种类有木胎、竹胎、陶瓷胎等多种，我国的漆器一般以木胎为主。

　　另外，还有一种漆器是无胎的，被称为"脱胎漆器"。这是因为漆在制作完成后自己就可以成形，而且具有很强的支撑性和硬度，即使脱掉内胎也可以独立成为器具。

①割漆

生漆是一种纯天然的物质，没有毒，刚刚割下来的生漆是乳白色的，放到太阳下暴晒后会变成半透明状，加入颜料进行调和会使其更加饱满。

③裱布

为了防止胎体表面开裂，工匠会在胎体上先贴一层布，布料一般为麻布。这个过程可以使漆器使用的时间更长久。

②制作胎体

普通漆器一般会选择榆木或者梨木等比较硬的木材做胎体；高档的漆器会选用红木或者紫檀木做胎体。胎体做好以后，要打磨表面，使表面变得光滑。

⑦推磨抛光

在手掌上抹一些植物油或者细灰，摩擦器物表面，直到器物表面光亮整洁。

⑥装饰纹理

为了增加漆器的美观度，人们会在漆器表面画一些图案或者纹理进行装饰。

④刮灰

灰是用生漆和一些调料调制成的腻子，根据粗细可以分为粗灰、中灰、细灰三种。先用刮板将粗灰刮到胎体上，填平比较大的孔洞或者纹理，然后，依次再刮中灰和细灰。

⑤髤（xiū）漆

用颜料和生漆进行调制，然后给器物表面刷上调制好的漆，不同材质的胎体刷漆的层数也不同，有的要刷好几层甚至几十层。

47

青铜器的铸造

青铜是在铜里面加入锡或者铅熔炼出来的一种合金，颜色和黄金比较接近，经过氧化之后，表面会呈现青绿色或者黑色。在青铜器盛行的夏、商、周三代，人们用青铜铸造了大量的食器、酒器、礼器、兵器等，不仅将青铜器用于各种重要的礼仪场合，还将其用于战场作战。在长期的实践中，人们用多种铸造法来铸造青铜器，为世界文明作出了重要贡献。

青铜器是用熔化的青铜液浇铸而成的，铸造方法主要有三种，分别是块范法、失蜡法和分铸法。

块范法又被称为"范铸法"，是将内范和外范组合在一起形成一层空腔，然后将熔化的青铜液浇入空腔制作青铜器。块范法的制作流程包括制模、制范、浇注和修整四个步骤。

制模

①模，有陶模，也有木模。一般比较大的青铜器，都是用陶模。将陶土和炭末、草料等混在一起用水进行调制，做成泥模。

②泥模成形以后，可以在上面刻图案或者纹饰，这个泥模大小和最终铸造出来的器具是一样的。

③将泥模晾干后放入窑内烘烤后就成了陶模。

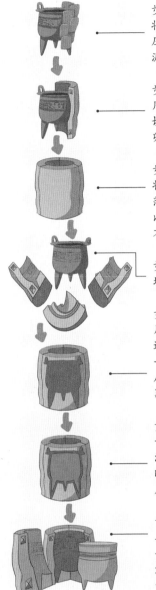

步骤1：用粉砂和水制成泥片，将泥片裹在陶模的表面并用力按压，使陶模上的图案和纹饰印到泥片上。

步骤2：裹到三分之一的时候，用刀将这些泥片做成一块有清晰切面的外范，切面上要有榫（sǔn）卯结构。

步骤3：做同样大小的三块外范，将整个陶模包裹起来，这三块外范的切面都有榫卯结构，所以可以相互嵌合，这样组合起来之后不容易散开。

步骤4：等到泥料半干后，将三块外范从陶模上面取下来。

步骤5：把三块外范拼到一起，用泥片将空腔内部的表面贴一遍，相当于内部空腔表面又多了一层"表皮"，这层"表皮"的厚度就是后面铸造出来的青铜器的厚度。

步骤6：内腔表面的"表皮"半干以后，再用泥料将整个内腔填满并压实，由于泥料进去的比较晚，所以，不会跟之前的"表皮"成为一个整体。

步骤7：取下外面的三块外范，再把"表皮"剥掉，就可以获得一个实心的内芯，也称"内范"。没了"表皮"，它比最初做出来的那个陶模小一圈。

制范

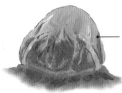

①把三块外范和内范一起烘烤，使它们变坚硬不容易变形。

②将内范和三块外范组合起来，并在内外范之间加上芯，来支撑起内、外范之间的空隙。

③在外面捆上绳子，使三块外范结合得更加紧密，此时顶部留有三个孔，也恰好是鼎的三足的足尖处。

④将熔化的青铜液从上面的孔注入内外范之间的空隙里。

浇注

①青铜液冷却后，将内范掏出来，将外范去掉，里面的青铜器就出来了。

②对青铜器表面进行锤打和锯锉，使其更加光滑规整。

修整

49

失蜡法相对简单一些，即先用蜂蜡或者动物油将模具雕刻出来，在蜡模表面浇一层调好的泥浆，然后，再涂一层耐高温的材料进行烘烤。烘烤时，外壳逐渐坚硬，而里面的蜡经过加热后会熔化流出，这样内部就形成了一个空腔，这时，将熔化的青铜液浇进空腔里面，冷却后，敲碎外壳，青铜器就制作而成了。

　　分铸法是指先把青铜器的不同部分分别铸造出来，然后再拼接到一起组合成完整的青铜器的方法。这种方法其实是块范法的一种，只不过由于要铸造的青铜器体积巨大或造型非常复杂，所以分开铸造。很多带耳或足等附件的青铜器，会采用这种方法来铸造。铸造时先把青铜器的主体铸造出来，然后再把附件铸造出来，最后将主体和附件进行焊接，使它们成为一个整体。

失蜡法

①用蜂蜡或动物油雕一个模型，然后对模型进行打磨修整，使其光滑规整。

②将调制好的黏土浆液浇到蜡模上面，使其整体都被黏土浆液包裹。

③将可以耐高温的粉砂撒到模具表面，使整个模具都被包裹。

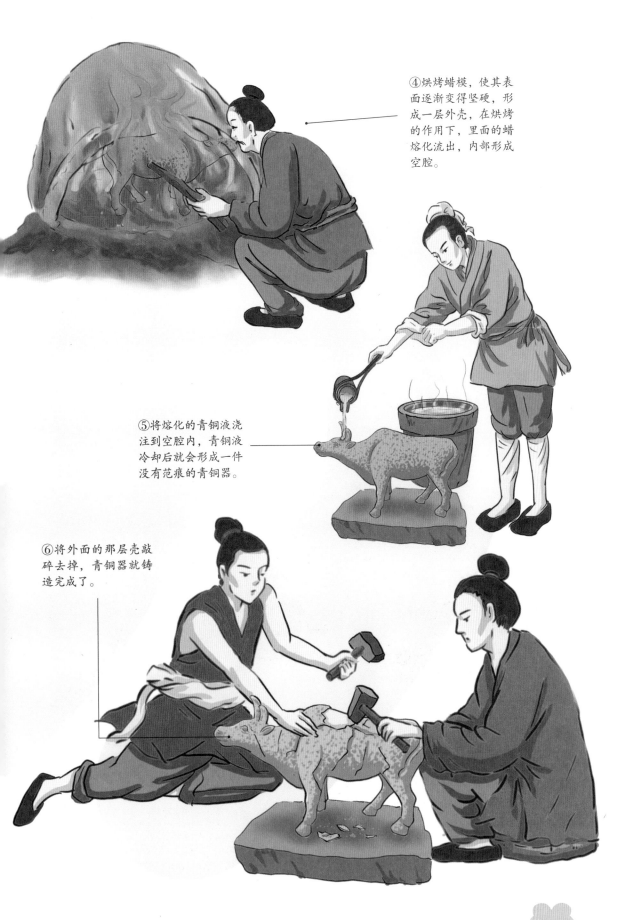

④烘烤蜡模，使其表面逐渐变得坚硬，形成一层外壳，在烘烤的作用下，里面的蜡熔化流出，内部形成空腔。

⑤将熔化的青铜液浇注到空腔内，青铜液冷却后就会形成一件没有范痕的青铜器。

⑥将外面的那层壳敲碎去掉，青铜器就铸造完成了。

制陶

陶器作为瓷器的前身，是我国古代人们日常生活中的一种重要器具。我国制陶的历史非常悠久，可以追溯到原始社会时期。在漫长的历史时期，人们通过实践，掌握了非常精湛的制陶工艺，制造出很多有代表性的陶器作品，其中很多保存至今，是祖先留给我们的宝贵财富。

原始社会时期，随着生产力的发展，人们的食物数量日益增多，种类日益丰富，所以，人们需要器具来盛放、储存或烹饪食物，于是，便发明了陶器。陶器的制作是一项泥与火的艺术，更是一项伟大创造。

①揉泥

将矿物黏土用水调制做成泥块，然后，用手搓揉或用脚踩踏排出泥团里面的空气，这样，烧制的时候坯体不容易破裂变形。

②做坯

为了使泥坯形状更加规则，厚薄更加均匀，人们发明出了陶车。转动陶车，同时手保持固定动作对泥块施力就可以完成塑形，大大提高了做坯的质量和效率。

④利坯

利坯也叫修坯，是指对泥坯进行修整，使其表面光滑规整，并对它的厚度进行调整。

③印坯

对于批量生产的圆形陶器，人们会在泥坯半干之后将它扣在一个模子上进行拍打和按压，使泥坯的大小和形状都和模子保持一致。

⑥彩绘

为了追求陶器的美观，人们在烧制陶器之前会在陶器上用一些矿物颜料画上各种各样的图案。

⑤晒坯

将做好的泥坯摆在木架上晾干。注意，急速干燥会导致泥坯开裂，所以，要避免阳光暴晒。

⑦焙烧

温度对烧陶很重要，为了达到理想的温度，人们发明了横穴窑和竖穴窑，这两种窑很好地解决了焙烧时热量散失的问题。

竖穴窑

横穴窑

制瓷

取土

去山上采高岭土，并将其淘洗干净。

练泥

将取回来的高岭土放到碓里舂捣成粉状，用水调和，做成泥块。

　　陶器的诞生给人们的生活带来了很多便利，但也有不尽如人意的地方，比如外观简陋。人们希望能够造出质量更好也更加美观的器物，于是，在制陶的基础上发明了制瓷。相比制陶而言，瓷器的制造工艺更加复杂，同时难度也更高。很多优秀的瓷器作为传世精品被保留至今，是不可多得的宝贵财富。

　　瓷器和陶器的区别主要体现在三个方面：首先是原料不同，陶器的原料是黏土，而

做坯

印坯

利坯

瓷器需要用高岭土。高岭土洁白细腻，因此，烧制出来的瓷器更加美观。其次，陶器和瓷器在烧制的时候对温度的要求不同，陶器的烧制温度为 700℃ ~1000℃，而瓷器的烧制温度需要达到 1200℃ 以上。再次，陶器和瓷器的吸水率不同。吸水率是由器皿表面是否有釉以及釉的质量决定的。所谓的釉是指涂在器物表面的一种由石灰石和黏土配制的混合液体，经过烧制后，这种液体就会变成薄薄的一层像玻璃一样透明的东西包裹在器物表面。由于大多数陶器表面没有釉，或者即使上釉，釉的质量也很低，所以，陶器的吸水率比瓷器高很多。而绝大多数的瓷器表面都是上釉的，而且釉的质量比较高，所以，瓷器的吸水率远低于陶器。

瓷器的制作流程和陶器大体类似，只不过是在陶器制作流程的基础上，增加了一些更复杂的步骤。

釉可以使器物表面变得光滑且有光泽。如果在素坯上先作画后上釉，图案在釉层下面，就是"釉下彩"；如果上完釉在釉层上面作画，图案在釉层上面，就是"釉上彩"。

为了提高焙烧的效果，人们又发明了馒头窑，它空间更大，而且可以达到的温度更高，可以烧出质量更高的瓷器。

瓷器诞生之后，我国古代人民不断探索制瓷工艺，制瓷技术一度达到了登峰造极的地步，制造出很多让人叹为观止的传世之作，甚至有些作品是目前现代科技都无法做到或复原的，在我国制瓷史上

画图

上釉

写下了浓墨重彩的一笔。

　　如下图所示，木叶盏出自江西吉州窑，盛行于宋朝。它是一种黑釉茶盏，特点是碗底装饰有一枚栩栩如生的树叶，倒入茶水后，树叶变得更加灵动，宛如茶水里真的浮着一片树叶。在制作木叶盏时，工匠挑选叶脉纹路清晰且形状好看的树叶，将它贴在已经上过黑釉的碗中，然后再刷上一层透明的釉水，放入窑中焙烧。在高温下，透明釉层下的树叶被烧毁，留下了树叶的形状。

木叶盏

烧窑

剪纸贴花茶盏也是一种黑釉茶盏，它的内部装饰有剪纸贴花图案，是我国古代人民将制瓷和剪纸工艺相结合的杰作。制作方法：先给胚胎上一层黑釉，然后将剪出来的图案贴到胚胎内，再给胚胎刷上一层淡色的釉水，然后将剪纸揭下来，将胚胎放到窑内焙烧。由于剪纸被揭掉之后会露出里面那层黑釉，所以，烧出来的茶盏就有剪纸图案。

哥窑冰裂瓷表面有大大小小很多清晰的裂纹，就像寒冰乍裂，在视觉上非常具有立体感。但是，把它拿到手里抚摸，却非常光滑细腻。它的烧制诀窍是，在瓷器快要出窑的时候，往窑里面适量地泼一些冷水，让透明的釉面产生裂纹，这叫作"开片"，然后将开片后的瓷器放入含铁的溶液中，裂纹将溶液中的铁物质吸收进去，形成铁线一样的视觉效果，再将瓷器放入窑内继续烘烤，透明釉面经过烘烤会再融化填补裂缝。裂纹多少和开片次数有关。

窑变瓷是钧窑的杰作，它色彩斑斓，流光溢彩，十分具有美感。所谓的窑变，是指瓷器进入窑内烧制时釉的颜色会发生很多意想不到的变化，这种变化甚至连烧制瓷器的工匠都无法预料，所以，几乎不可能烧出一模一样的两个窑变瓷器来。因为工匠

哥窑冰裂瓷　　　　　　　　　剪纸贴花茶盏

窑变瓷

在调制釉水的时候会加入铜或铁，这些金属元素经过高温烘烤，使釉的颜色发生了五彩斑斓的变化。

薄胎瓷像蛋壳一样薄，所以，又叫"蛋壳瓷"。由于它的胎特别薄，薄到几乎没有胎只有釉的地步，所以，也被叫作"脱胎瓷"。它的透光性特别好，古人经常会用薄胎瓷做灯罩。它的制作工艺非常精细，工匠在修坯环节对胎坯进行几百次的修琢，直到将胎壁修到极薄的地步才施釉，这对工匠的技艺要求极高。

薄胎瓷

郎红瓷的颜色如宝石一般艳丽、晶莹、温润，因为是清朝巡抚郎廷极主持烧造的，所以被人们称为"郎红瓷"。郎红瓷对烧制的温度和技术要求极高，所以烧制一件郎红瓷非常不易，有时一次烧几百窑，才能成功烧制一件这样的瓷器，耗费的人力、物力巨大。由于特别费钱，所以民间流传着"若要穷，烧郎红"的说法。也因为它特别难烧造，所以也特别名贵。

郎红瓷

制瓦

很早以前，人们用茅草来遮盖屋顶，虽然也有防雨保暖的作用，但遇到大风天，草屋顶就会受损，需要经常修缮。为了解决这个问题，人们发明了瓦。瓦不仅能够防雨挡风，还有装饰作用，成为古代建筑中的重要组成部分。

　　根据制作材料的不同，瓦可以分为青瓦、琉璃瓦和竹瓦等。普通百姓在建筑中最常用的是青瓦。青瓦由陶土制作而成，不需要上釉，外表呈现青灰色。青瓦是古代使用最广泛的一种瓦，它的制作方法非常具有代表性。

②将黏土和好之后，做成一块长方块泥墩。工匠再用铁丝做成的弓弦，像刮皮一样，一片一片地将黏土切下来。

①青瓦的制作原料是黏土。用水调和黏土，并进行踩踏，使黏土更细腻，更具有黏性。

③将泥片裹到转盘上的桶形模具上，然后，转动转盘，并用木板不断地拍打泥片，使其与桶形模具完全贴合。这种桶形的模具没有底，但是它的表面有四条楞可以将泥片分成四片。

⑥瓦片晾干后就可以拿到窑里面烧制。进窑之前，瓦坯的颜色是黄褐色，但是烧完之后就会变成青灰色。

④将瓦坯从桶形模具上脱模，然后放在平地上晾晒。将一个圆口器皿放到瓦坯口逐一进行印坯，并拍打瓦坯，使所有的瓦坯形状一致。

⑤趁着瓦坯还没有完全干，用一个铁片顺着内侧的每条楞划一下，这样，瓦坯干透之后，轻轻一拍，就由一个整体分解成四片，这就是瓦片。

制砖

砖在人类建筑中占据着非常重要的作用，它使人类的建筑从泥墙草顶向砖瓦结构转变，使人类的居住环境得到很大改善。春秋时期，人们就已经发明了砖；到了秦朝时期，砖的烧制水平和规模都达到了一个前所未有的高峰。所以，后世有"秦砖汉瓦"的说法。

在很早的时期，人们就已经学会用土坯来建房。后来，受制陶技术的启发，人们开始烧制砖。砖的制作原料主要为黏土，经过烧制之后的砖具有很好的防腐、防火、隔声及抗压作用，是古人最常用的建筑材料。

①古代人制砖一般会用高黏土，这种土柔和而有黏性。用水将土调和好之后，要不停地踩泥和翻泥，目的是将里面的空气排出，这样烧出来的砖致密性比较好，不容易碎裂。古人为了提高效率，还会用牛来踩泥。

④把干燥之后的砖坯放到窑里烧制。同样的砖坯，通过不同的方法，可以烧制出不同的颜色。

如果在窑顶砌一个凹形水池，在窑内烧到高温的时候，封闭窑洞，向窑顶的坑内浇水，水会渗透到窑室内，使窑的温度迅速冷却，这样就会烧成有釉光的青砖。

如果在窑内烧到高温的时候停止添加燃料，并使窑室通气，这样，窑内的砖坯就会烧成红砖。

③将制好的砖坯放到背阳的地方阴干。注意，不要阳光暴晒。一般要过一两个月，砖坯才能完全干燥。

②在木制的无底模具下面先铺一层细沙，然后将和好的泥料放入模具里面塑形，将泥料压实，模具的边角要充盈。然后用铁线弓刮平表面，将模具反扣在地上，一块砖就做好了。放入泥料之前铺的细沙，可以防止泥料和地面粘连。将多个模具对齐摆起来，放入泥料，压实之后，在上下模具之间的缝隙中切分，可以一次性造多块砖。

酿酒

酒是在一定的环境下由微生物发酵出来的一种芳香物质，我国在很早的时期就发明了酿酒术。粮食、水果等都可以成为酿酒的原料，因此，酒的种类非常多。经过长期的实践，勤劳智慧的古代人们将酿酒术发展到了极致。

作为以农业生产为主的国家，受自然条件和社会生产力水平的限制，想要实现大规模的水果酿酒是不大可能的，所以，自古以来，我国都是以粮食为酿酒的主要原料。

粮食富含淀粉，要想把粮食酿成酒，中间还要有一个转化过程，就是将粮食中的淀粉转化为葡萄糖，然后再把葡萄糖发酵成酒精。而要实现这个转化，就需要一种媒介物，这种媒介物就是曲糵（niè）。曲糵是一种可以让谷物发芽发霉的物质，酿酒所需要的酒曲就是由曲糵制作而来的。酒曲也叫作酒母，是酿酒工艺中的灵魂，它是由谷物加工而成的，含有丰富的酿酒微生物，不同种类的酒曲酿出来的酒风味各不相同。

黄酒的饮用历史非常悠久，它的酿造原料主要是大米和糯米。黄酒酿造方法主要分为以下八个步骤：

①浸米

浸米可以使米膨胀，这样有利于后续的蒸煮，另外，还可以促进淀粉水解，使淀粉转化成葡萄糖。浸过米的水中酵母繁殖旺盛，这样可以抑制杂菌，米不容易变质。

②蒸饭

蒸煮可以使淀粉受热吸水糊化，糊化后的淀粉更容易转化成糖类，同时，还可以杀菌去除杂味，使酿出来的酒更加纯净。

③晾饭

将蒸好的米饭放到竹席上摊开，并用木耙翻拌（也叫摊饭），尽快将米饭的温度降到适合微生物发酵繁殖的温度。

⑤开耙

在米饭发酵的过程中，过多的热量会导致发酵终止，所以要用一根木耙伸到缸里搅拌降温，同时还可以让新鲜的氧气进入到缸内，有利于继续发酵。

④落缸发酵

冷却后的米饭在酵母菌等多种微生物的共同作用下，由淀粉转化成葡萄糖，进而又转化成酒精。

⑦煎酒

将生酒煮沸片刻，这样可以杀菌，去除杂味，有利于储存，这个过程叫作煎酒。

⑥压榨

酒酿好之后，将酒醪（láo）用纱布包起来放到特制器具上挤压，这样，酒液就会与酒醪分离流到桶里。

⑧装坛

煎酒之后趁热将酒装进坛子里，并密封，这样便于搬运和售卖。

冶铁

　　我国铁矿分布广泛，在西周时期就发明了生铁冶炼技术。冶铁技术的发展促使后续一系列铁器出现，进而大大地促进了社会生产力的发展，对推动历史进步具有极为重大的意义。

　　生铁、熟铁和钢都是铁矿石的冶炼产物，但是，它们之间有很大区别，主要区别在于碳含量不同。生铁的碳含量超过 2%，所以，质地非常坚硬，而且耐磨，但它很脆，容易断裂，不能进行锻压；熟铁的碳含量低于 0.02%，它相对柔软，但容易变形；钢的碳含量在它们两者之间，所以，它不但硬度强，而且还有一定的韧性，经得

①挑铁矿石

②淘洗铁矿石

⑤撒泥灰

起锻造，古代的很多兵器都是用钢打造的。

　　冶炼其实就是通过改变碳含量来得到自己想要的金属。人们先淘洗铁矿石，然后放入炼铁炉内冶炼，为了提高炼铁炉内的温度，人们会用鼓风机向炼铁炉内吹风，这样可以增加炼铁炉内的氧气含量，提高里面的温度。铁矿石熔化之后形成的铁水从炼铁炉的腰孔流出，这时候铁水的碳含量比较高，冷却后就是生铁块。为了将其冶炼成熟铁，人们会将铁水引入方塘，然后不停地用工具搅拌，使生铁水里面的碳氧化并排出来，生铁里面碳含量减少之后就变成了熟铁，这个过程叫"生铁炒成熟铁"。

　　由于钢的碳含量大于熟铁而小于生铁，为了炼出钢，古代人们主要有三种办法：第一种是脱碳炼钢法，也叫"炒钢法"，就是将生铁加热到1200 ℃以上，然后通过不停地搅拌，使生铁里面的碳和空气中的氧结合生成二氧化碳并排出，随着碳含量不断减少，生铁会逐渐变成钢。第二种办法是将热渗碳加入熟铁中，直接增加熟铁的碳含量，使熟铁变为钢。第三种办法就是将生铁灌入熟铁中，同样可以炼出钢来。

③炼炉

④方塘　　鼓风机

琢玉

　　玉器是一种用玉石制作出来的器物，它非常坚硬，且色泽明亮、触感温润、外形美观，是一种很好的装饰用品，在古代甚至是地位和身份的象征。我国从很早开始就用玉石来制作玉器，这个过程也被称为"琢玉"。古代人们用精湛的琢玉工艺制作出了很多精美的玉器，可以说巧夺天工。

①切开大块玉石

　　采回来的大块玉石，人们往往用锯和解玉砂相结合来切开。图中悬挂的壶里面装着解玉砂和水，解玉砂混着水不断从壶底的孔里流到玉石和锯条的缝隙中，可以增加锯条的锋利程度和摩擦力。在锯条地来回切磨下，玉石被慢慢切开。

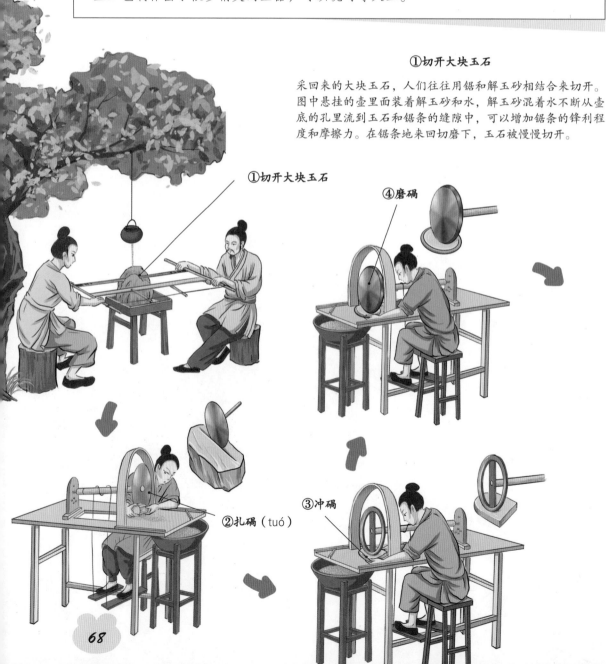

①切开大块玉石

④磨碢

②扎碢（tuó）

③冲碢

采玉人从野外采回来玉石后，首先要把玉石切割开。古时候没有电锯，但他们发现有一种砂子，硬度非常高，是切玉的好材料，它就是解玉砂，也就是"他山之石，可以攻玉"里面所说的"石"。

解玉砂的颗粒大小不同，颜色各不相同，有红砂、黄砂、黑砂等多种，黑砂的硬度最高，别看它是细细的小沙粒，但和一些工具结合在一起后威力无穷。

玉器的制作过程大致要经过切割、钻孔、做纹饰、抛光等步骤，这些步骤离不开解玉砂和一些琢玉工具。

②扎碢

扎碢就是把大块的玉用碢具切割成小块，便于制作成形状大小合适的玉器。碢具的边缘很薄，所以非常锋利。工匠踩踏脚下两块木板时，会带动碢具飞速转动，搭配着解玉砂，锋利的碢具就可以切割玉块。碢具有大有小，有厚有薄，可以根据不同大小、形状的玉块来更换。罩在碢具外面的东西可以防止玉石飞屑伤害到琢玉工匠的眼睛。

③冲碢

冲碢就是将切过的玉块边角磨圆，琢玉工匠将碢具换成一个厚厚的圆环状的钢圈，搭配着解玉砂将玉块的边角磨圆。

④磨碢

将边角棱都磨完之后，换上一个更厚的碢具，将玉器表面打磨得更加光滑细腻，让玉有一种很温润的感觉。

⑤掏堂

掏堂就是将玉器的中间部分掏空，一般先用钢卷筒旋进玉器中间。由于钢卷筒中间是空的，所以，这种操作会让玉器中的一部分进入钢卷筒内，获得一根玉柱。然后再用其他工具通过这个洞慢慢磨，逐渐扩大这个洞，掏空玉器中间的部分。

⑥上花

上花就是用比较小的碢具给玉器表面琢一些装饰性的花纹，使玉器更加好看。由于碢具比较小，所以可以做一些更加细致的操作。

⑦木碢磨光

上花之后，对于不需要镂空的玉器来说，接下来就是磨光，制玉工匠将钢铁碢具换成木制的碢具，细致打磨玉器表面，直至玉器光泽温润。

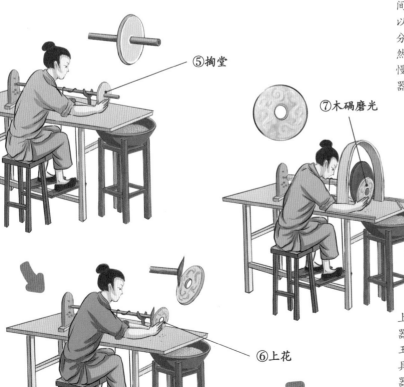

⑤掏堂

⑦木碢磨光

⑥上花

制盐

盐对人的身体健康非常重要，它可以维持人体的正常机能。古人发现缺少盐分会使人感觉浑身无力，无法进行农业生产，也无法行军打仗，所以，一直把盐视为关系国计民生的重要战略物资。在很早的时期，人们就学会了制盐，随着制盐工艺水平的提高，盐的质量也越来越高。

①布灰种盐

古人在海边开辟出盐田，然后将草灰撒在盐田里面，由于草灰具有比较强的吸附性，可以将海水里的盐分吸附进去，第二天阳光照晒后，盐分结晶，人们就可以将结晶后的盐扫到一起收集起来。

由于我国幅员辽阔，生活在不同地区的人制盐方法也有所不同。生活在海边的人主要用海水来制盐，这种盐被称为"海盐"；生活在内陆的人往往会用咸水湖里的水来制盐，这种盐被称为"湖盐"，也叫"池盐"；还有一种是自己打井从井水里提取的盐，这种盐叫"井盐"。

海盐的制取主要包括布灰种盐、挖坑滤盐、煎盐三个步骤。

③煎盐

将过滤后的盐水倒到大锅里加热，这种大锅下面有多个灶眼可以同时添柴烧火，经过加热后，锅里就会形成干净的结晶盐。

②挖坑滤盐

从盐田上收集来的盐中有很多砂石和杂质，需要去除。人们在地上挖两个坑，一个深坑，一个浅坑，浅坑和深坑之间有一个出水口相连接。滤盐时，人们将干净的苇席铺在浅坑上面，将收集物放到上面淋水过滤，干净的盐水便从浅坑流入深坑中。

在远离海洋的地区，人们用咸湖水制盐。人们最初采用的是捞取法，即直接从湖水中捞取自然结晶的盐粒，但是这种盐质量不高，而且去深水区捞盐很困难，于是人们又发明了晒制法。

晒制法也叫垦畦浇晒法，就是人们开垦出畦地，通过水沟将湖里的水引入畦地里，待水分蒸发完，畦地里就出现了结晶盐，这种畦地也被称为盐田。盐田主要由四部分组成：蓄水池、蒸发池、过滤池和结晶池。人们将没有结晶的盐水（又叫卤水）引入蓄水池，沉淀下去一些杂质，然后将卤水再引入蒸发池进行蒸发，之后再引入过滤池进行过滤，过滤完之后引入结晶池，最终卤水在结晶池里面结晶成比较白的盐。

在山区，人们主要通过打井来开采井盐。为了防止井壁塌陷或者周围淡水浸入，盐井的口一般比较小，这种井也叫作"卓筒井"。为了从井中汲取卤水，人们用很多根竹竿接在一起制成一个非常长的汲水筒，这个汲水筒的底端装有一个小皮阀，汲水筒被放下去的时候，卤水的浮力会将皮阀顶开并进入到汲水筒中，当汲水筒装满后往上提时，筒内卤水的重力又会将皮阀压紧，所以卤水不会漏出去。如此长的汲水筒装满卤水后很重，为了将它提上来，人们在井架的顶部和井边都安装了滑轮，将滑轮上的绳子拴在牛身上，人赶着牛围着横轮走，绳子就会绕在巨大的横轮上，这样，就将井中的汲水筒提上来了。汲取上来的卤水再经过沉淀、蒸发、过滤、煎煮等，最终得到可以吃的盐。

汲取卤水

蓄水　　蒸发　　过滤　　结晶

晒制法

制糖

糖可以给人体提供能量，人类在很早的时期就发现了很多含糖的食物，比如蜂蜜和水果等。后来，随着人类对糖分需求量的增加，人们学会了制糖。我国是世界上最早制糖的国家。由于我国幅员辽阔，不同地区的人使用不同的原材料制糖，制糖工艺也日益精进。

我国南方气候炎热，阳光充足，盛产甘蔗，甘蔗的含糖量很高，是制糖的绝佳原料，所以，南方人主要用甘蔗来制糖，这种糖被称为蔗糖。

蔗糖的制作

③熬制糖浆

将过滤好的甘蔗汁倒入锅中熬制，并用大勺不停地搅拌，使糖浆里面的水分不断蒸发出来，直到糖浆变得特别浓稠，同时高温蒸煮也可以杀菌消毒。

②过滤蔗汁

将压榨出来的甘蔗汁通过纱布进行过滤，过滤掉其中的渣滓和杂质。想要使糖干净，可以多过滤几遍。

①榨蔗取汁

古代用来榨甘蔗汁的工具叫作糖车，主要由两个圆柱构成，两个圆柱上装有齿轮相互咬合，将甘蔗塞入两个圆柱之间，利用牛力使两个圆柱转动从而将甘蔗压扁挤出汁水。

⑤切割糖块

糖浆凝成固体糖之后，用竹片切割，尺寸自定。

④倒出冷却

将浓稠的糖浆倒出来摊平放凉，糖浆逐渐由液体变成固体，并定形。

我国北方的气候不适合种植甘蔗，但盛产小麦、玉米等粮食，于是，聪慧的北方人用大麦、小麦、玉米或者粟等粮食制糖，这种糖被称为饴糖。饴糖是麦芽糖的一种，它不仅可以给人体提供能量，还有补脾益气、润肺止咳等药用价值。用粮食来制糖的原理是将粮食中所含的淀粉进行糖化，这种制糖方法历史悠久，在我国北方占据着重要的地位。

饴糖的制作

①舂捣发芽小麦

将小麦洒上水，使其发芽，然后将发芽后的小麦放到石臼里捣碎。

③蒸煮糯米

将泡好的糯米放到蒸笼里面蒸，在上火蒸之前用木棍插几个眼，这样糯米蒸得更均匀。

②浸泡糯米

将糯米用冷水浸泡，冬季需要浸泡7～8个小时，夏季需要浸泡3～4个小时。

⑦熬制

将过滤好的糖浆倒入锅内加热熬制，并用勺子不断搅拌，糖浆逐渐变得黏稠。

⑧扯糖

糖浆冷却之后还有一个扯糖的步骤，即将饴糖的一端固定住，然后用力拉扯。这样可使糖变得更有韧性。

⑥过滤

发酵完之后，用纱布过滤，得到的就是糖浆。

④将糯米拌入温水

将蒸好的糯米放入温水中，并用大勺搅拌，使糯米和温水充分混合，这时水会变成乳白色。

⑤发酵

将捣碎的小麦芽加入糯米水里面，并搅拌均匀，然后盖上锅盖发酵8个小时左右。

榨油

　　食用油对于人类来说是不可或缺的营养元素，它可以为人体提供热量。早期人们通过提炼动物油脂来给自己提供能量，后来，人们开始从植物果实中提炼油脂，这就是榨油。榨油工艺的发明使人类的油脂来源更加丰富。

　　古人用植物的果实榨的油种类有很多，到明朝时期，已经有了菜籽油、大豆油和茶籽油。由于茶籽油质量比较好，产量也比较大，所以在众多食用油中属于上品。特别是在我国的南方地区，茶树的种植比较普遍，所以，茶籽成为人们制作食用油的首选，用茶籽榨油的历史比较悠久，工艺也比较精湛。

①炒茶籽

将筛选出来的茶籽清洗干净后放到大锅里烘炒，直至炒熟散发出香味。在这个过程中要注意火候，千万不能将茶籽炒糊。

②碾茶籽

利用人力或畜力将炒好的茶籽放到石磨上碾压成细粉。

⑤榨槽榨油

将包好的茶籽粉饼竖着排列放进榨槽，然后再将木楔试着插入榨槽，榨油的师傅一起用粗粗的木棍撞击木楔，使木楔更深地进入榨槽，这样木楔就会挤压竖着排列的茶籽粉饼，经过挤压，饼中的油脂就会流入榨槽下面的桶内，这就是茶籽油。

③蒸茶粉

将碾碎的茶粉用筛子过一遍，确保茶粉均匀，然后放入蒸锅内。蒸茶粉的蒸锅是专用的，它上面小，下面大，这样茶粉更容易吸入蒸汽。

④包饼

用稻草和铁圈将蒸好的茶粉包成饼状，饼的厚度要均匀，然后用双脚踩实。包饼的质量直接影响到茶籽油的产量。

制墨

墨被称为文房四宝之一，古人写字时，要用毛笔蘸墨，因此，墨成为人们书写时必不可少的物品。古代人们用来磨墨汁的一种固体墨块叫墨锭，都是由手工制成的。我国制墨历史十分悠久，制墨工艺非常精良。

古代的墨锭，根据制作原料的不同，主要可以分为松烟墨和油烟墨两种。

松烟墨由松枝燃烧产生的烟制作而成，而油烟墨由桐油燃烧产生的烟制作而成。松烟墨颜色乌黑但没有光泽，油烟墨比较有光泽。它们的制作流程大致相同，都要经过炼烟、和料、制作、晾干、描金等五个步骤。

①炼烟

在密不透风的烟房里，将含有油脂的材料放入容器里燃烧，并使其燃烧不充分产生烟，这些烟汇集在覆盖的容器表面后，就可以收集起来使用。收集起来的就叫"烟料"。炼烟需要掌握好火候、通风和收烟的时间。

⑤描金

墨锭晾干后还要描金，描出的画面一定要整洁。描金不仅可以使墨锭美观，还可以起到密封的作用，使墨锭保持一定的湿润度，不容易开裂。

④晾干

将墨锭放到架子上晾干，在晾的过程中，要不时地给它们翻面，温度和湿度都要合适，过于通风或者暴晒会导致墨锭开裂。墨锭晾干的时间一般比较长，一根二两的墨锭要六个月才能彻底干透。

②和料

将收集的烟用细筛子筛，去掉杂质。将骨胶或牛皮胶用锅熬化，然后和烟料掺到一起，并充分搅拌，最后进行捶打，使其混合均匀。

③制作

将捶打好的物料做成墨丸，再搓成墨条，按压进模子里面制成一定的形状，成形后的墨锭上会有图形和文字。

制作砚台

砚台在古代与笔、墨、纸合称为"文房四宝"，是古代读书人必不可少的用具。早期砚台的款式简陋单调，人们只是用砚台来磨墨。后来，由于砚台制作得越来越精美，具备了观赏价值，砚台也渐渐由实用品变成工艺品，而且由于砚台质地坚固，不易腐烂，所以，又成为很多文人雅士的收藏品。

制作砚台的原料有很多，比如石头、木材等，其中石头是使用最广泛的原料，用来制作砚台的石头被人们称为砚材。人们经过仔细选材和一系列的加工，将石头制成精美的砚台。

①采石

开采出合适的砚石是制作石砚的重要环节，古代砚石坑洞比较低矮，只有80厘米左右，所以工匠只能蹲着或坐着采石，十分辛苦。

④雕刻

雕刻师傅先用深刀雕刻出大致的图案花纹，然后再用浅刀修饰。

②维料

维料就是将采来的砚石进行筛选，去掉废料，选出好的石料，根据石料的不同形状来决定做什么样的砚台。

③制璞

砚台中用来磨墨、盛墨的地方叫墨堂。在石料的什么地方制作墨堂需要精心构思和设计，这个过程叫制璞。

⑥磨光

砚台雕刻好之后，表面还是比较粗糙，所以需要用油石搭配细河沙细细地打磨才能变得光滑。

⑦浆墨

将墨汁和米酒混合，均匀地涂在砚台上，这样可以遮盖砚台上的一些小的瑕疵，也可以使整个砚台色调统一。

⑧上蜡

用蜡块给砚台上蜡，让砚台看起来更加有光泽，也可以使砚台上面的花纹更加清晰。

⑨退蜡

上完蜡后，再用棕束蘸取木炭粉擦掉蜡，这叫退蜡。退蜡后，一个精美的砚台就制作完成了。

⑤配盒

为了保护砚台，需要给雕好的砚台配一个木盒，木盒形状要和砚台相吻合，平整美观。在古代，有的人会用紫檀木或红木等珍贵木材来做砚盒。

图书在版编目（CIP）数据

写给青少年的中国古代科技与发明.农业和手工 /
苏邦星编著；袁微溪绘 . -- 贵阳：贵州科技出版社，
2024.3

ISBN 978-7-5532-1272-2

Ⅰ.①写… Ⅱ.①苏… ②袁… Ⅲ.①科学技术—创
造发明—中国—古代—青少年读物 Ⅳ.① N092-49

中国国家版本馆 CIP 数据核字 (2024) 第 029035 号

写给青少年的中国古代科技与发明 · 农业和手工
XIEGEI QINGSHAONIAN DE ZHONGGUO GUDAI KEJI YU FAMING · NONGYE HE SHOUGONG

出版发行	贵州科技出版社	
地　　址	贵阳市观山湖区会展东路 SOHO 区 A 座（邮政编码：550081）	
网　　址	https://www.gzstph.com	
出 版 人	王立红	
经　　销	全国各地新华书店	
印　　刷	河北鑫玉鸿程印刷有限公司	
版　　次	2024 年 3 月第 1 版	
印　　次	2024 年 3 月第 1 次	
字　　数	264 千字（全 3 册）	
印　　张	15（全 3 册）	
开　　本	787 mm × 1092 mm　　1/16	
书　　号	ISBN 978-7-5532-1272-2	
定　　价	128.00 元（全 3 册）	